多媒体教学素材库系列

桥涵工程施工技术
素材库

素材库编委会　组织编写

杨玉衡　主　编

中国建筑工业出版社
CHINA ARCHITECTURE & BUILDING PRESS

多媒体教学素材库系列

桥涵工程施工技术素材库

素材库编委会　组织编写

杨玉衡　　　主　编

*

中国建筑工业出版社出版、发行(北京西郊百万庄)

各地新华书店、建筑书店经销

北京广厦京港图文有限公司制作

北京中科印刷有限公司印刷

*

开本：787×1092毫米　1/32　印张：⅝　字数：19千字

2007年10月第一版　2007年10月第一次印刷

定价：5000.00元

ISBN 978-7-900232-35-9

　　　(14595)

声　明

　　本素材库版权归主持开发单位所有,并全权委托中国建筑工业出版社办理维护版权利益事务。购买本素材库的单位或个人可用其中的素材再创作课件,用于教学、培训、竞赛、评奖,但不得用于商业用途。本素材库不得复制用于转让、转赠,违者必究。

高职高专教育土建类专业教学指导委员会市政工程类分委员会
建设部中等职业学校市政工程与给水排水专业教学指导委员会

素材库编委会

总编单位　广州大学市政技术学院
　　　　　广州市市政建设中等专业学校

组织开发　高职高专教育土建类专业教学指导委员会市政工程类分委员会
　　　　　建设部中等职业学校市政工程与给水排水专业教学指导委员会

素材库开发工作领导小组成员：
组长：陈思平（广州大学市政技术学院顾问）
成员：李　辉（四川建筑职业技术学院院长、教授）
　　　范柳先（广西建设职业技术学院副院长、副教授）
　　　陈晓军（辽宁省城建学校校长、教授）
　　　邵建民（上海城建学校副校长、高级讲师）
　　　周美新（广州大学市政技术学院常务副院长、副教授）

主　　编：杨玉衡　副教授（广州大学市政技术学院）
主要参编人：耿小川　工程师（广州大学市政技术学院）
参　编　人　员：
辽宁省城市建设学校：　　　于景超
浙江建设职业技术学院：　　刘　江
上海城建学校：　　　　　　庄　宁、张海良、谢桐华
四川建筑职业技术学院：　　邵传忠
江苏建设高等职业技术学校：顾　虓
山东省城市建设学校：　　　曹永先
天津市政工程学校：　　　　马　玫
广西建设职业技术学院：　　陈永康
广州大学市政技术学院：　　陈　洋

多媒体制作单位：广州市公用科技教育开发有限公司

4

多媒体教学素材库介绍

1.编制创作的目的

随着多媒体技术的推广和应用，在教学手段的改进方面起到了较大的作用。但是由于教师作为教学上的专家，一般较难同时成为动漫制作专家，因而阻碍了动漫技术在教学上的更广泛的应用。针对这一问题我们萌发了让教学专家提出要求，由专业制作公司制作出动漫效果的设想，并付诸于实施。

2.素材库特点

采用多媒体动画教学，会使教育手段大为改善，教师和学生将会有良好的教育环境。此外，在教育内容上，采用多媒体动画教学不仅会使正规教育制度中所指定的教育内容以更易为学生所接受和领悟的生动、形象的方式呈现出来，从而降低学生对抽象知识理解和掌握的难度，而且还会带来教育内容的不断丰富、更新和发展，将进一步拓宽学生的学习内容和方式，有助于他们高效率地掌握课程的内容。

对于实践性很强的工程专业学科，以文字和图片为主的传统教学模式远远不能满足要求，动画教学无疑是较好的教学手段，利用动画动态模拟施工和工艺过程，使许多抽象和难以理解的内容变得生动有趣，突破了教学的重点和难点，有利于学生对知识结构的整体性认识，这也是录像、现场教学等教学方式所不及的。因此，动画教学不仅能调动广大学生的学习积极性，激发学生的学习兴趣，还能培养学生思维能力，大大提高教学效果。

3.素材库不同于课件库

素材库将课程中的重点和难点问题，用三维或二维的动画形式表达出来。教师可利用素材库各取所需，结合自己的教学经验，充分发挥主动性和创造性，根据个人的教学特点、学生的程度不同及各地教学重点不同而创造性地编制课件，也可以利用素材库编制学生自学或课后复习用的阅读版。我们把教师编制课件和学生自学或课后复习用的阅读版称为二次开发。二次开发的成果属于二次开发者，可用于申报成果、评奖等，但如用于出版发行，需向出版社交纳合理的素材库版权使用费。

《桥涵工程施工技术素材库》

一、素材库内容简介

  《桥涵工程施工技术素材库》是将桥涵工程中重点和难点部分，采用多媒体动画的技术手段，把工程施工过程形象直观地表现出来。本素材库包括了8大部分41个独立的素材单元，涵盖了桥涵构造和施工的大部分内容，每个素材单元均为动画制作，其中三维动画占有相当的比例，这不仅能使读者从更多的角度观察到物体的构造，还能更加逼真地模拟出实际的施工场景。本素材库内容主要包括：第一部分，绪论；第二部分，桥梁构造；第三部分，桥位放样；第四部分，桥梁基础施工；第五部分，墩台和锥坡施工；第六部分，钢筋混凝土桥施工；第七部分，预应力混凝土桥施工；第八部分，桥面及附属工程施工。

二、素材库内容画面显示

素材库片头

素材库目录

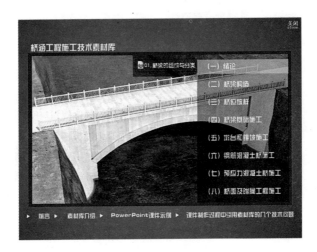

(一) 绪论

绪论部分包括桥梁的组成与桥梁的分类两部分内容。

1. 桥梁分类

相关知识点：梁式桥，拱桥，刚架桥，吊桥（悬索桥），斜拉桥等。

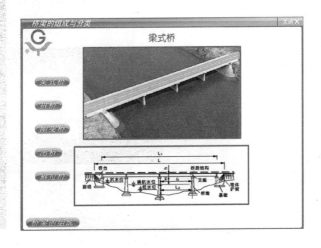

2．桥梁组成

相关知识点：基础，桥梁墩台，护坡，支座，标准跨径，净跨径，计算跨径，伸缩缝，桥跨结构等。

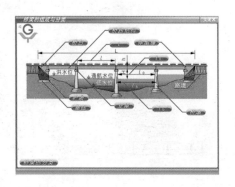

（二）桥梁构造

这部分内容介绍了桥梁常见体系（简支梁桥、连续梁桥、拱桥、斜拉桥、悬索桥），桥梁墩台，支座（板式橡胶支座、盆式橡胶支座），涵洞（钢筋混凝土盖板涵、钢筋混凝土圆管涵），隧道（盾构隧道、沉管隧道）的构造和施工过程。以下为素材库部分内容。

1．简支梁桥的构造

相关知识点：T梁三视图演示，简支梁桥桥面面层，防水层，人行道板及侧缘石，三角垫层，人行道挑梁，横隔板，T梁的连接等。

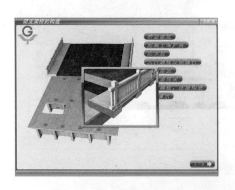

2．连续梁桥构造

相关知识点：连续梁桥概念及特点，箱梁构造，等截面连续梁桥型构造与案例分析，变截面连续梁桥型构造与案例分析，箱梁三向预应力筋等。

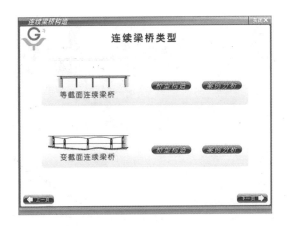

3．斜拉桥构造与施工

相关知识点：双塔三跨平行双索面斜拉桥构造，斜拉桥主梁、索塔、斜拉索、锚固体系等细部构造，斜拉桥塔柱施工，斜拉桥主梁悬臂施工等。

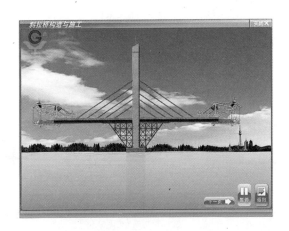

4. 悬索桥构造与施工

相关知识点：悬索桥构造（主缆、塔柱、锚碇、吊索、加劲梁），加劲梁从塔柱往中部合龙施工等。

5. 桥台构造与施工

相关知识点：重力式 U 桥台构造，浆砌片石及块石砌筑施工等。

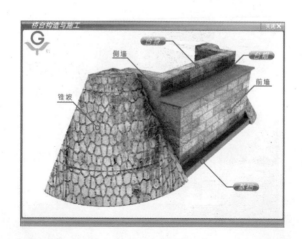

6．盆式橡胶支座构造

相关知识点：盆式橡胶支座的构造，盆式橡胶支座的安装等。

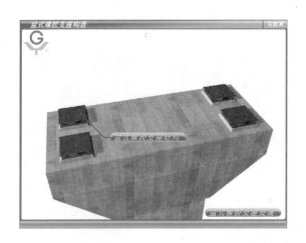

7．钢构桥构造与施工

相关知识点：钢构桥构造，菱形挂篮构造，悬臂浇筑施工等。

8. 钢筋混凝土圆管涵施工

相关知识点：钢筋混凝土圆管涵构造，基础施工，管节吊装，填土夯实等。

9. 盾构隧道构造与施工

相关知识点：土压平衡盾构，管片构造，止水装置，盾构掘进，管片安装等。

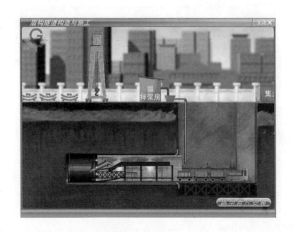

（三）桥位放样

这部分内容介绍了桥梁墩台的常见放样定位方法，包括直接放样定位法、一岸交会定位法、两岸交会定位法。

一岸交会定位法

相关知识点：一岸交会定位原理，经纬仪墩台定位方法等。

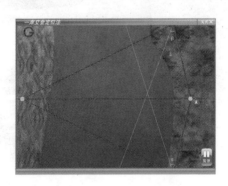

（四）桥梁基础施工

这部分内容主要介绍了桥梁常见基础的构造与施工，这几种基础形式为浅基础、打入桩基础、钻孔灌注桩基础、沉井基础。以下为其中的部分内容。

1. 钻孔灌注桩施工

相关知识点：旋转转进成孔，正循环，反循环，钢筋笼制作与吊装，水下混凝土灌注等。

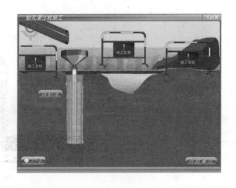

2. 沉井构造与施工

相关知识点：水中筑岛，一般垫木与定位垫木，沉井制作，沉井下沉，刃脚构造，沉井接高，沉井封底，井孔填充和浇筑顶盖板等。

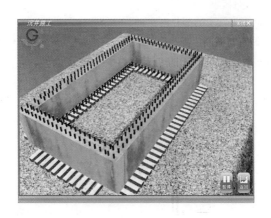

（五）墩台和锥坡施工

这部分内容主要包括锥坡的常见放样方法和施工方法。

相关知识点：锥坡构造，双圆垂直投影法，直角坐标法，直角坐标法（斜桥），锥坡施工等。

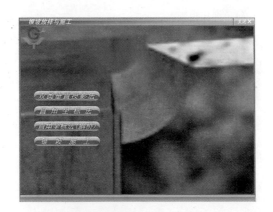

（六）钢筋混凝土桥施工

这部分内容包括了钢筋、模板、混凝土工程主要施工要点，比如说模板的构造与安装，支架的类型与施工，钢筋调直与截断、弯制、焊接、机械连接、绑扎、骨架成型，混凝土拌制、浇筑、振捣、养护，构件起吊、运输与安装。以下为其中的部分内容。

1. 钢筋调直与截断

相关知识点：钢筋调直切断机类型与构造，钢筋调直切断机工作原理等。

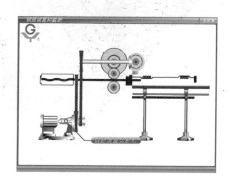

2. 钢筋绑扎

相关知识点：常见扣样（一面顺扣、缠扣、兜扣、反十字花缠扣、十字花扣、套扣等），绑扎视频等。

3. 模板的类型与构造

相关知识点：木模板、钢模板、T 梁模板构造与安装等。

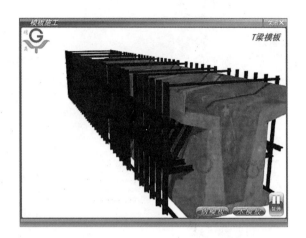

4. 支架的构造与安装

相关知识点：WDJ 碗扣支架构造（碗扣节点、底座、顶托），WDJ 碗扣支架的安装等。

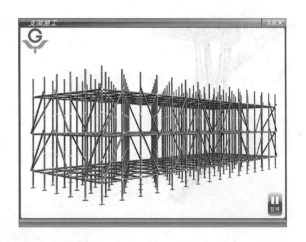

5. 混凝土拌制

相关知识点：混凝土搅拌机，混凝土集料组成，投料顺序等。

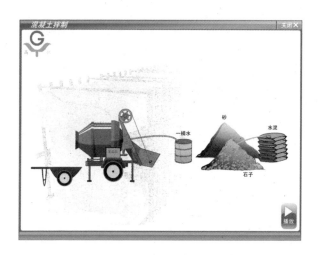

6. 构件的起吊、运输与安装

相关知识点：构件吊装，构件运输，蝴蝶架式架桥机架设流程等。

（七）预应力混凝土桥施工

这部分内容包括先张法施工工艺，后张法施工工艺，顶推施工工艺。

1. 先张法施工工艺

相关知识点：张拉台座，张拉千斤顶，横梁，墩头锚具，预应力筋的放张等。

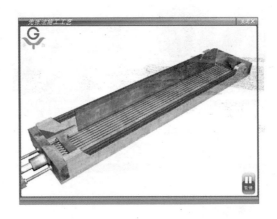

2. 后张法施工工艺

相关知识点：预应力筋构造，波纹管制孔，夹片式锚具，穿心式张拉千斤顶，封端等。

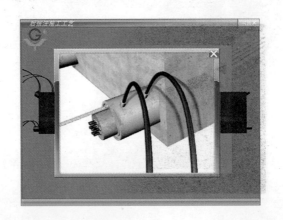

3. 顶推法施工

相关知识点：单点顶推，竖直千斤顶顶推，滑道装置，导梁，临时墩等。

(八) 桥面及附属工程施工

这部分内容主要包括伸缩缝构造与施工，泄水管构造与施工，人行道构造与施工，栏杆与灯柱施工。以下为其中部分内容。

1. 伸缩缝构造与施工

相关知识点：模数式伸缩缝构造，伸缩缝安装流程，伸缩缝工作原理等。

2. 泄水管构造与施工

相关知识点：铸铁泄水管，塑料泄水管，泄水方法与流程等。

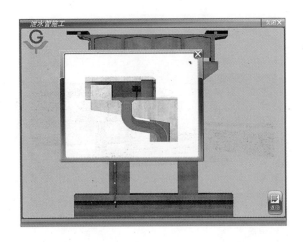

3. 栏杆与灯柱施工

相关知识点：栏柱式栏杆，栏杆安装，灯柱安装等。

多媒体教学素材库系列

[2CD—ROM]

桥涵工程施工技术
素材库

素材库编委会　组织编写

杨玉衡　主　编

中国建筑工业出版社

CHINA ARCHITECTURE & BUILDING PRESS